Intervención de enfermería para la capacitación del adolescente ante la diálisis peritoneal

SESIONES DE EDUCACIÓN PARA LA SALUD

Mª Ángeles Cutilla Muñoz
Raquel Marín Morales
Mª del Rocío Martínez Capa

Copyright ©:   Raquel Marín Morales,
Mª Ángeles Cutilla Muñoz y
Rocío Martínez Capa.

Edición, agosto 2012.

ISBN: 978-1-291-01361-0

Distribuído por: www.lulu.com

Estas sesiones y el manual que las contiene,

están dedicadas a todos esos jóvenes

que se animan a dar un paso que los implica y capacita,

aumentando en ellos su calidad de vida y la de quienes les rodean.

ÍNDICE

- RESUMEN…………………………………………………………..9
- PALABRAS CLAVE……………………………………………….9
- ANTECEDENTES Y ESTADO ACTUAL DEL TEMA……………….11
- OBJETIVOS…………………………………………………………15
- METODOLOGÍA:…………………………………………………..16
  - ÁMBITO…………………………………………………….17
  - DESCRIPCIÓN DE LA INTERVENCIÓN…………………..18
  - PLAN DE TRABAJO……………………………………...20
  - DIFICULTADES Y LIMITACIONES………………………..35
  - EVALUACIÓN……………………………………………36
  - APLICABILIDAD Y UTILIDAD PRÁCTICA………………..41
- BIBLIOGRAFÍA……………………………………………………..42
- ANEXOS……………………………………………………………45

RESUMEN

El éxito de un programa de diálisis peritoneal depende, en gran medida, de la buena formación que reciba el paciente. En las unidades de diálisis peritoneal se establece un programa de enseñanza donde se fomenta el autocuidado para conseguir la máxima independencia del paciente.

Según algunos autores, los pacientes que no han podido ser entrenados correctamente, ya sea por no haber sido capaces de aprender bien la técnica o por no haber podido completar su entrenamiento con éxito, no permanecen en la técnica más de 2 meses.

Dotar al paciente y/o cuidador de una serie de conocimientos teóricos y prácticos, con los cuales realice el tratamiento en su domicilio con las máximas garantías es crucial. Que sean capaces de identificar problemas y en la medida de lo posible resolverlos, contando siempre con el apoyo de la enfermería, ya sea con visitas domiciliarias, hospitalarias y/o consultas telefónicas.

PALABRAS CLAVE:

Empoderamiento, diálisis peritoneal, adolescente, insuficiencia renal.

ANTECEDENTES Y ESTADO ACTUAL

La insuficiencia renal crónica es una enfermedad progresiva con múltiples causas que degenera en fallo renal terminal, cuya consecuencia es la pérdida irreversible de la función renal, de manera que el paciente depende de forma permanente del tratamiento renal sustitutivo 1. En España, según la sociedad Española de Nefrología 2, la DP tiene una incidencia y una prevalencia muy inferior a la de HD. La prevalencia, en la última evaluación de la SEN, oscila entre el 5 y el 24 % en las diferentes comunidades autónomas. En los últimos años el crecimiento medio anual estaría en un 1.5 - 2 %, con un aumento de la

incidencia de pacientes en DPA afecta sobre todo a la población de edad más avanzada, por lo que son admitidas a tratamiento personas cada vez con mayor edad. La decisión de los nefrólogos respecto al momento de iniciar la diálisis suele basarse en una combinación de síntomas urémicos, de parámetros de laboratorio, y de factores individuales. La mayoría de las guías de práctica clínica recomiendan el inicio de la diálisis cuando la función renal cae por debajo de 15 o 10 ml/min y hay presencia de uremia o malnutrición, y en cualquier caso, de forma inmediata cuando la función renal es menor de 6 ml/min, aunque en la actualidad no existe un criterio objetivo y uniforme sobre el momento óptimo de iniciar el tratamiento renal sustitutivo.

la educación sanitaria forma parte integrante esencial del tratamiento del paciente renal en el que enfermería, tiene un papel importante dentro del equipo multidisciplinario que se encarga de velar por su salud.

Así mismo, la adolescencia es la etapa del ciclo vital donde se registra la menor morbilidad y mortalidad del individuo. Sin embargo, en los últimos 10 años, el número de adolescentes con enfermedades crónicas se ha incrementado considerablemente.

Los(as) adolescentes con Insuficiencia Renal Crónica (IRC) deben afrontar los retos impuestos por la adolescencia y la enfermedad. Por un lado, están viviendo un período de constantes ambivalencias4, contradicciones y búsquedas; la labilidad emocional está presente. Se sienten preocupados y con frecuencia insatisfechos con su apariencia física por los abundantes cambios fisiológicos y morfológicos que les ocurren; luchan por su independencia y mantienen una búsqueda constante de su identidad personal. Por otro lado, enfrentan el desafío de una enfermedad crónica, que representa retos y estrés adicionales. El ajuste psicosocial de las personas con IRC se ve afectado sobre todo en los adolescentes, quienes muestran problemas de imagen corporal y aislamiento, lo cual afecta su desarrollo, las oportunidades de lograr sus metas, ser independientes y establecer relaciones interpersonales significativas.

El conocimiento de la percepción que los(as) adolescentes tienen de su enfermedad y del tratamiento son fundamentales para articular una adecuada planificación educativa. Así proponemos el abordaje de la diálisis peritoneal en los adolescentes aquejados de IRC siendo básico conocer cuáles son los temores que experimentan y sus expectativas de futuro, qué cambios va a producir la enfermedad en su cotidianeidad y qué prácticas de cuidado deben realizar.

El éxito de un programa de diálisis peritoneal depende, en gran medida, de la buena formación que reciba el paciente. En las unidades de diálisis peritoneal se establece un programa de enseñanza donde se fomenta el autocuidado para conseguir la máxima independencia del paciente.

Según algunos autores,[3] los pacientes que no han podido ser entrenados correctamente, ya sea por no haber sido capaces de aprender bien la técnica o por no haber podido completar su entrenamiento con éxito, no permanecen en la técnica más de 2 meses.

El objetivo del entrenamiento (adiestramiento) es dotar al paciente y/o cuidador de una serie de conocimientos teóricos y prácticos, con los cuales realice el tratamiento en su domicilio con las máximas garantías. Que sea capaz de identificar problemas y en la medida de lo posible resolverlos, contando siempre con el apoyo de la enfermería, ya sea con visitas domiciliarias, hospitalarias y/o consultas telefónicas.

OBJETIVOS

- Procurar un encuentro al menos, en que los afectados descubran que existen iguales en su misma situación.
- Explicar en qué consiste la diálisis peritoneal.
- Adiestrar a paciente y su familiar para que al finalizar el proyecto sean capaces de:

  - Realizar el intercambio de líquido peritoneal correctamente.
  - Respetar las medidas higiénicas y de asepsia.
  - Reconocer signos y síntomas de posibles complicaciones y actuar ante ellos.
  - Comprender y seguir la dieta.
  - Mantener una hidratación adecuada.

METODOLOGÍA

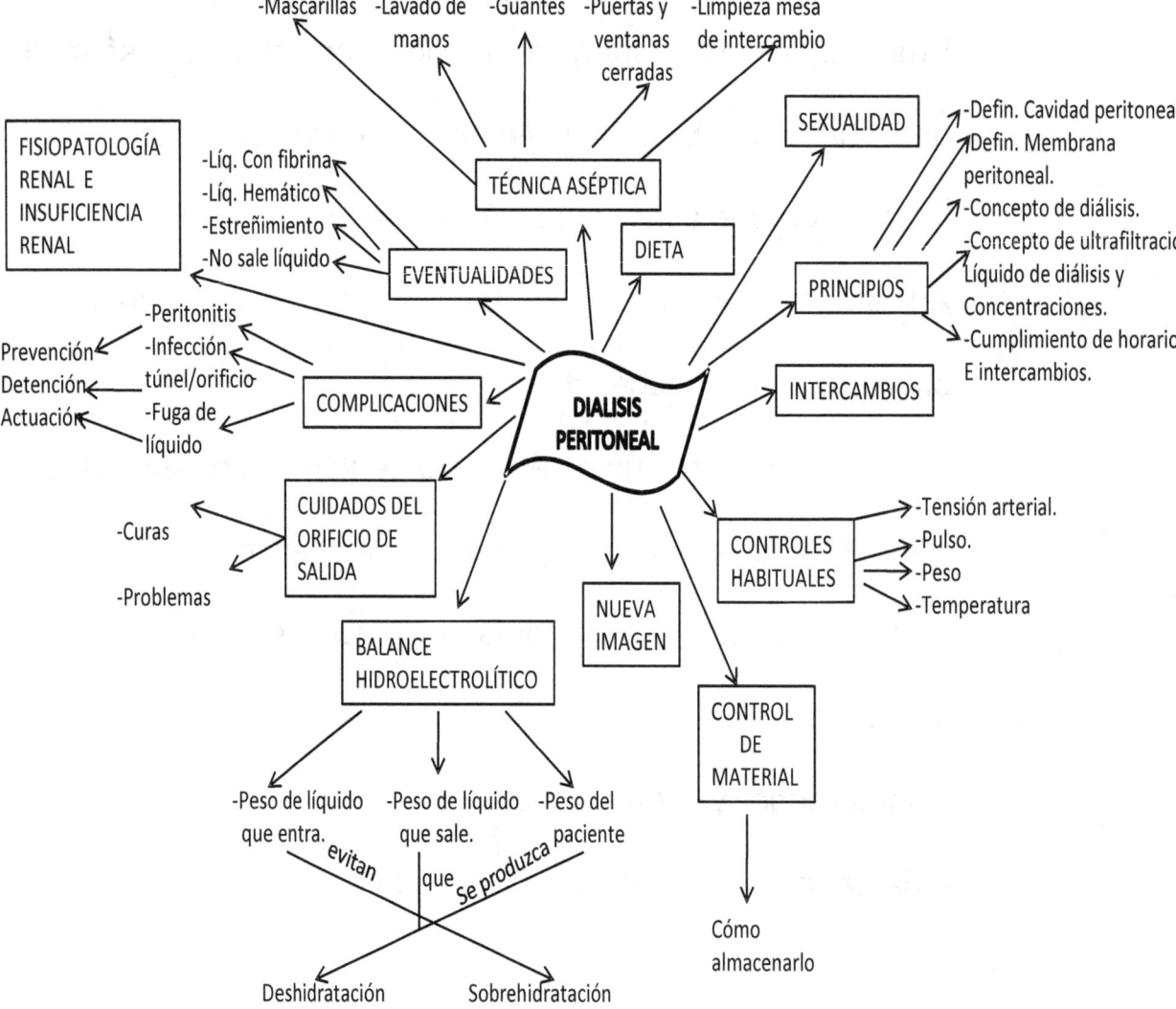

Para enseñar todos estos contenidos, se utilizará el power point del anexo 3. Es material de apoyo para las sesiones.

ÁMBITO

Nos situamos en el hospital ante un grupo de 10 adolescentes, entre 16 y 18 años cuya situación común es que acaban de optar por pertenecer al programa de diálisis peritoneal. Esta es la razón por la cual todos presentan un catéter abdominal. El objetivo de la primera sesión es, que descubran por ellos mismos que no son los únicos con ese problema y se sientan apoyados y conversen con sus iguales. Así descubrir juntos que la vida puede llegar a ser casi "tan normal" como antes por la recuperación de una autonomía que hasta el momento tienen perdida.

También se les pide que acudan con algún familiar, porque el adiestramiento ha de ser conjunto. Es necesario por el apoyo que ejercen sobre estas personas y por la necesidad de aprender el manejo que requiere por si en algún momento éstos no pueden, por el motivo que sea, desarrollar su propio proceso de autocuidados.

DESCRIPCIÓN DE LA INTERVENCIÓN

La intervención consiste en una serie de sesiones personalizadas donde los protagonistas son los propios adolescentes (y un familiar), donde se les adiestra para que aprendan todo el proceso de la diálisis peritoneal. La idea es un plan de formación que en principio sería de seis sesiones (más si individualmente se considera oportuno). La primera sesión se realizará en la consulta del propio hospital con el grupo de afectados. Es muy importante ya que la mayoría de las sesiones las haremos con cada uno de los pacientes por separado.

El objetivo de juntarlos en esta primera sesión es que compartan sus sensaciones, algo muy osado por nuestra parte tratándose de un primer encuentro. Pero partimos de que las técnicas que necesitan aprender este tipo de personas han de hacerse en un ambiente lo más aséptico posible y por eso han de ser sesiones individualizadas, porque cada uno aprende a un ritmo diferente, y no podemos dar un paso si el anterior no está totalmente captado.

El resto de sesiones las realizaremos en el mismo hospital salvo la última, que será en el domicilio de las personas para valorar la higiene, capacidad, espacio, y tratar que aprendan a desenvolverse en el ámbito cotidiano.

En un primer momento, coincidiendo con el periodo de ingreso hospitalario se suelen realizar unos tres intercambios al día. Nosotros somos quienes lo hacemos todo en un principio explicándoselo. Conforme la propia persona va demandando, le vamos permitiendo hacer y le corregimos al mismo tiempo, porque no olvidemos que en todas las sesiones estamos nosotros presentes, evaluando el proceso de un modo contínuo.

CONTENIDOS

- Principios de la diálisis peritoneal. Descripción y explicación.

-Técnica aséptica. Medidas para la prevención de contaminación durante los intercambios.

- Realización de los intercambios. Pasos a seguir.

- Controles habituales: Tensión arterial, pulso, temperatura y peso.

- Balance hidroelectrolítico..

- Cuidados del orificio de salida.

- Complicaciones por infección.

ANÁLISIS DEL CONTENIDO

La Insuficiencia Renal Crónica (IRC) es la pérdida de la capacidad de los riñones para eliminar desechos, concentrar la orina y conservar los electrolitos. La IRC se desarrolla a lo largo de muchos años a medida que las estructuras internas del riñón se van dañando lentamente. En las etapas iniciales de la enfermedad, puede que no se presenten síntomas. De hecho, la progresión puede ser tan lenta que los síntomas no ocurren hasta que la función renal es menor a la décima parte de lo normal. La diabetes y la hipertensión arterial son las dos causas más comunes y son responsables de la mayoría de los casos. La IRC produce una acumulación de líquidos y productos de desecho en el cuerpo, lo que lleva a un acúmulo de productos de desechos nitrogenados en la sangre (azotemia) y a enfermedad generalizada. La mayor parte de los sistemas del cuerpo se ven afectados por la insuficiencia renal crónica. La IRC que conduce a una enfermedad severa y que requiere de una terapia de reemplazo renal es la llama enfermedad renal terminal. Estas terapias de reemplazo renal son la diálisis peritoneal, hemodiálisis y el trasplante. En este caso nos centraremos en la diálisis peritoneal. Los contenidos a transmitir son:

DIÁLISIS PERITONEAL

La diálisis peritoneal es la mejor alternativa terapéutica para los adolescentes con enfermedad renal crónica terminal; y en su forma de diálisis peritoneal ambulatoria ha permitido el tratamiento fuera del hospital y de esta manera abrir la puerta para un mejor estilo y calidad de vida, tanto para el paciente como para su familia, favoreciendo así la reinserción social, familiar y escolar, proporcionando una mayor autonomía.

La diálisis peritoneal es una técnica de depuración extrarrenal en la que mediante la introducción de uno a tres litros de una solución salina que contiene dextrosa (solución o líquido de diálisis) a través de un catéter en la cavidad peritoneal y aprovechando la gran vascularización del peritoneo que lo recubre, las sustancias tóxicas se movilizan desde la sangre y los tejidos que las rodean a la solución de diálisis por procesos de dilución y ultrafiltración.

La eliminación de los productos de desecho y el exceso de agua del organismo se produce cuando se drena líquido dializado. Podemos definir el peritoneo como una membrana semipermeable y selectiva a determinadas sustancias y que no permite el paso de elementos formes aunque sí de las toxinas. La cavidad peritoneal es un espacio virtual que contiene dos hojas: la parietal y la visceral. Está recubierta por una capa de células mesoteliales que separan los vasos sanguíneos que pasan a través del peritoneo.

El peritoneo visceral es el que recibe mayor aporte de sangre que procede de los vasos y de las vísceras proporcionando la mayor parte de superficie para la diálisis. El peritoneo parietal recibe la sangre de la pared abdominal. La superficie total de la membrana es aproximadamente de 1,2 m2. Esta membrana está constituida por diversas capas que deben atravesar el soluto y el agua para alcanzar el líquido libre en la cavidad peritoneal (dializante) desde el interior del capilar y viceversa.

En consecuencia el camino a seguir por los solutos y el agua debe superar seis barreras o resistencias:

1. - Capa de sangre que reviste la pared interna de los capilares.

2. - Endotelio de los capilares.

3. - Membrana basal de los capilares.

4. - Líquido intersticial o intersticio.

5. - Mesotelio

6. - Capa de líquido que baña la membrana peritoneal.

El intercambio de agua y solutos se realiza a través de unos poros cuyo diámetro es aproximadamente 30 o 40 Amstrong; mediante un proceso de difusión, la pérdida de agua se realiza mediante presión osmótica, por tanto si aumentamos la osmolaridad aumentaremos la ultrafiltración.

TIPOS DE DIÁLISIS PERITONEAL

Diálisis peritoneal intermitente (DPI)

Sesiones de un número limitado de intercambios (15 a 20) con tiempos de estancia intraperitoneal corto (15 a 20 minutos). Se practica, según necesidades del paciente, de dos a tres veces por semana en el centro hospitalario.

Diálisis peritoneal ambulatoria (DPCA)

El paciente instila líquido de diálisis peritoneal en el abdomen mediante un catéter permanente; este líquido permanecerá en la cavidad peritoneal durante varias horas. Durante este tiempo tiene lugar la difusión de solutos a través de la membrana peritoneal en función de su peso molecular y gradiente de concentración. La ultrafiltración se produce mediante gradiente osmótico por la elevada concentración de glucosa que contienen las soluciones peritoneales. Finalizado el tiempo de estancia intraperitoneal de la solución, ésta se drena y es reemplazada por una nueva solución. Este proceso se realiza de tres a cuatro veces al día y una vez antes de acostarse. El paciente realiza la técnica en su domicilio y se autocontrola todo ello gracias a los programas de entrenamiento y educación realizados en los centros.

Acudirá a su centro hospitalario sólo en caso de complicaciones o bien para realizar los cambios de equipo y controles rutinarios.

Diálisis peritoneal de equilibrio continuo (DPEC)

La técnica es la misma que en DPCA, con la variante de que en el momento de acostarse el paciente conecta el equipo a un monitor (ciclador) que efectuará nuevos intercambios.

Diálisis peritoneal continua cíclica (DPCC)

Se utiliza un monitor automático para infundir y reemplazar la solución por la noche mientras el paciente duerme. Generalmente realiza cuatro intercambios de 2.000 ml en un total de 9 a 11 horas; cuando el paciente se despierta se infunde un intercambio final que permanecerá en la cavidad el resto del día. La larga permanencia durante el día de la solución de diálisis en la cavidad peritoneal aumenta el aclaramiento de medianas moléculas cuya eliminación está en función del tiempo. La DPCC sería inadecuada si sólo se limitara a ciclos cortos.

Diálisis peritoneal intermitente nocturna (DPIN)

Es una variante de la diálisis peritoneal intermitente. Se efectúa todas las noches mientras el paciente descansa, evitando con ello problemas de sobrecarga muscular, problemas de espalda, hernias, etc.

Diálisis peritoneal tidal (DPT)

Es otra variante de la diálisis peritoneal intermitente. Su principio se basa en dejar durante toda la sesión un volumen de liquido constante en el interior de la cavidad peritoneal, con el fin de mejorar el transporte peritoneal, habiéndose descrito aumentos de eficacia con respecto a la DPI de hasta un 20%.

Al inicio de cada diálisis se efectúa el llenado habitual, pero en cada intercambio, sólo una parte líquido se drena, permaneciendo una determinada cantidad de líquido (volumen tidal) hasta el final de sesión.

Algunos autores prefieren efectuar un drenaje total cada 4 ó 5 intercambios como medida de seguridad para un buen control de la ultrafiltración.

Al igual que en la DPIN, puede efectuarse con cicladora automática, posibilitando la práctica domiciliaria con esta técnica.

Diálisis Peritoneal

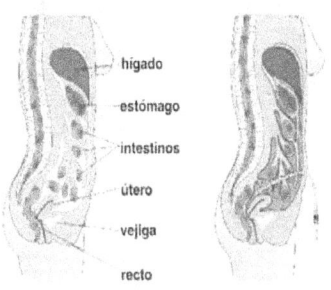

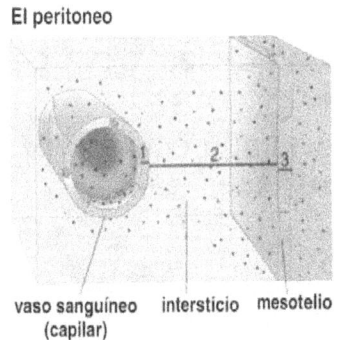
El peritoneo

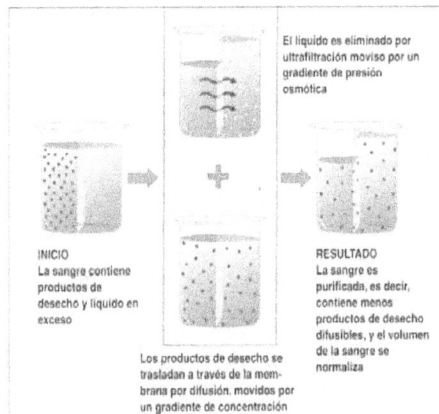

DPCA. Sistema de doble bolsa
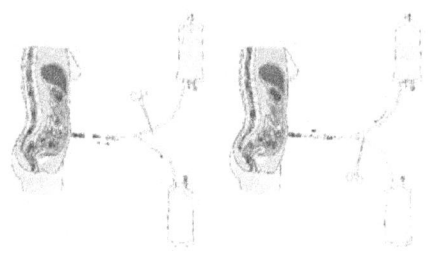

DPCC. Diálisis peritoneal continua cíclica
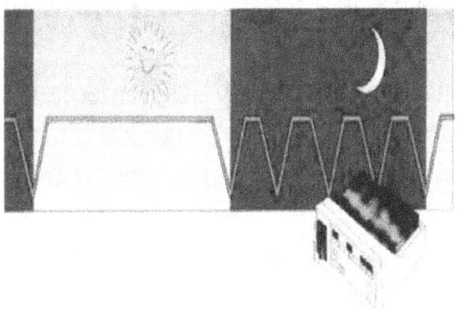

Imágenes tomadas de www.cetersa.com

PLAN DE TRABAJO

En todas las actividades que proponemos se persigue la máxima participación de los implicados. Creemos muy importante fomentar un ambiente de confianza, con la finalidad de que compartan sus experiencias, expresen sus sentimientos y que adquieran una formación que les sirva para crecer en independencia y fomento de los propios autocuidados.

Describiendo las sesiones.

1er día: Todos los adolescentes juntos.

La primera sesión trata de poner en contacto al grupo de adolescentes. Se trata de un encuentro muy importante para ellos. Se encuentran en un momento difícil de sus vidas y el hecho de descubrir que otras personas de su misma edad están pasando por lo mismo les puede hacer más llevadera la propia situación.

En esta ocasión les pediremos que mediante una lluvia de ideas nos expliquen qué les ocurre y porqué están allí. A raíz de las ideas iniciales les explicaremos de forma clara y concisa qué es la insuficiencia renal (que seguro que ellos ya han definido de antemano) para llegar a detenernos en la diálisis peritoneal, tratamiento ya elegido por ellos y razón por la que todos presentan un catéter largo que les cuelga de la barriga.

Partiendo de esta característica común les explicamos para qué sirve. Utilizamos un maniquí para hacerles conscientes de que ese cable sale del peritoneo, una membrana con dos capas, una parietal que recubre la pared abdominal con escasa participación en los intercambios y otra visceral que recubre las vísceras intraperitoneales. Esto significa que han de ser extremadamente limpios a la hora de manipular el catéter y todo lo que esté en contacto con él. Significa que han de ser lo más asépticos posible a la hora de introducir el líquido del exterior a la membrana peritoneal e iniciar el proceso de diálisis, para minimizar los riesgos de una infección peritoneal. Con el orificio que comunica el catéter hemos de tener el mismo cuidado, ya que es la puerta de entrada para posibles gérmenes si no somos lo suficientemente cautos. En esta ocasión, cuando lo expliquemos todo, practicarán con el maniquí y serán corregidos por los demás y potenciados por nosotros mismos para elevar su autoestima.

La primera sesión pretende crear un ambiente distendido. Para finalizar, pasaremos una hoja donde todos apunten sus nombres, números de teléfonos, correo electrónico... que después haremos llegar a cada uno en próximas sesiones, como medio para ponerlos en contacto entre sí.

2 día:

En esta ocasión nos encontramos a solas con cada uno. En un primer momento le explicamos una hoja de registro (Anexo 1) donde los pacientes anotarán su peso, su tensión arterial, la fecha y la hora. Es muy importante que cada día registren en la hoja todos esos datos, porque un cambio significativo y brusco nos debe hacer reaccionar con rapidez y acudir al nefrólogo o enfermero para buscarle un porqué antes de posibles reacciones.

En esta ocasión nosotros no utilizaremos la simulación, sino que le instruiremos a medida que vamos realizando el intercambio. Para ello entregamos al paciente una hoja con los pasos a seguir, para que los vaya visualizando y memorizando. El intercambio consiste en introducir una cantidad de líquido dentro del peritoneo, mantenerla una hora; tiempo en que se realiza el intercambio, y después drenarla y pesar todo lo que sale. Esto hay que repetirlo en tres ocasiones durante el día (mañana, tarde y noche). Una vez finalizado el intercambio debe rellenar la hoja de registro con el peso, T/A, volumen drenado.

Desde el primer momento en que se atreva puede utilizar el material de simulación.

En esta sesión trataremos de dejar claro en qué consisten los intercambios: qué tipos de bolsas hay, tipos de concentraciones y sus usos.

No olvidemos procurar momentos en los que la persona nos manifieste sus dudas y preocupaciones.

Antes de finalizar haremos un repaso por los conceptos y teorías aprendidos el día anterior, porque no hemos de olvidar que la evaluación es continua, enfocada a la reflexión y formativa.

3er día:

En esta ocasión el intercambio de líquido será de dos litros. Trataremos que sea el propio paciente bajo nuestra supervisión el que lo lleve a cabo en la medida de sus posibilidades. Incidiremos en la importancia de rellenar la hoja de registro. Esta sesión será para tratar los problemas que se pueden presentar relativos a la técnica, la ultrafiltración, el control del peso, o provocados por una infección. Al paciente le dejaremos una hoja explicativa que le sirva para identificar los problemas y acudir al nefrólogo lo más rápidamente posible (Anexo 2).

Antes de dar por finalizada la sesión, repasamos los aspectos teóricos de las sesiones anteriores y resolvemos posibles dudas. En esta ocasión será el propio paciente el que se hará la cura del orificio bajo supervisión.

No hemos de olvidar que este programa va hacia el adolescente y un familiar. Puesto que este problema puede cursar con días en los que el propio individuo, por razón de enfermedad, cansancio, etc...no sea capaz de realizar el intercambio por sí mismo. Pero al tratarse de adolescentes y la necesidad de autoafirmación unida a la reivindicación de autonomía, propondremos como actividad que los propios muchachos sean quienes en una sesión supervisada muestren al familiar todo lo que han de saber para realizar un intercambio adecuado. Así evaluamos al mismo tiempo que hemos propiciado un ámbito de intimidad entre el enfermero y la persona que no se daría nunca si el padre o la madre estuviese presente.

4ºdía:

Este día volverá a hacer tres intercambios de 2 litros cada uno. Si los realiza correctamente, el último será sin supervisión. En esta ocasión, acudirá el familiar. Si las anteriores sesiones se han desarrollado con normalidad, será el propio joven quien ponga en práctica todo lo aprendido al mismo tiempo que adiestra a su acompañante. Éste puede ir repasando al mismo tiempo con el simulador.

En primer lugar observaremos la hoja de registro, veremos los controles tomados y le enseñaremos a tomar las constantes vitales. También le hablaremos un poco sobre la dieta que debe seguir y le entregaremos una hoja informativa (Anexo 3).

Le pediremos al paciente que nos haga un repaso general, desde lo que aprendió el primer día hasta lo nuevo de hoy. Si es necesario, incidiremos sobre los aspectos importantes en los que no se haya detenido y atenderemos a las dudas del familiar.

5º día:

Se realizará tres intercambios de 2 litros cada uno sin supervisión. Revisión de la hoja de registro y cumplimentación.

En esta sesión se le formará al paciente sobre el almacenaje de los líquidos en su domicilio de la forma más adecuada. Él mismo se curará el orificio sin ayuda. Resolveremos posibles dudas y volveremos a incidir sobre los aspectos más importantes en un diálogo con el joven.

6º día:

Se realiza ya en el domicilio. A nosotros nos sirve para saber cómo se desenvuelve en su propio hábitat. Vigilar el sitio que tienen para guardar las cajas de reserva, y las medidas de higiene generales de la casa.

Realizamos un repaso general en el que nosotros intervenimos puntualmente. Son el paciente y familiar los que lo suelen llevar a cabo una vez llegados a esta fase que nos sirve como un elemento más de evaluación, presente desde el principio. Una vez concluído, se les entrega una carpeta individualizada en la que se incluyen las hojas informativas, las de registro, los protocolos de intercambio y la dieta. No olvidemos dejarle el teléfono de contacto directo por si les surge alguna duda o problema, solventarlos. Es una medida sencilla que les aporta mucha confianza, algo muy importante en estos casos.

DIFICULTADES Y LIMITACIONES

La mayor dificultad de esta intervención coincide con una limitación propia del estudio. Entiendo que al ser todas las sesiones menos la inicial con el/la adolescente y su familiar a solas, no podemos controlar con exactitud si realizan bien las técnicas (asepsia, seguridad...) porque realmente se han hecho conscientes del riesgo que significa no hacerlo bien para su propia salud o; simplemente las hacen bien porque se sienten observados por nosotros. No obstante se hace especial incapié en la evaluación diaria con cada uno/a para tratar de minimizar dicho riesgo.

EVALUACIÓN

Se llevarán a cabo dos tipos de evaluaciones. Una la llevará a cabo la enfermera, diariamente, así también podrá registrarse la evolución del aprendizaje en el proceso. Y al finalizar las sesiones, los adolescentes también evaluarán el taller y expondrán lo que les han parecido las sesiones.

EVALUANDO LA CONSECUCIÓN DE LOS OBJETIVOS
(LA ENFERMERA)

- **¿Realiza el intercambio de líquido peritoneal correctamente?.**

    ¿LLEVA A CABO TODAS LA MEDIDAS DE ASEPSIA APRENDIDAS?

    ¿PESA EL LÍQUIDO QUE ENTRA Y QUE SALE?

    ¿SE PESA ÉL DIRIAMENTE?

    ¿SE TOMA LAS CONSTANTES Y LAS APUNTA EN LA GRÁFICA?

    ¿MIRA EL ASPECTO DEL LÍQUIDO QUE SALE SIEMPRE?

    ¿CIERRA PUERTAS Y VENTANAS PARA EVITAR CORRIENTES DE AIRE?

- **¿Respeta las medidas higiénicas y de asepsia durante todo el procedimiento?.**

    ¿LIMPIA LA MESA Y EL PALO DONDE SE CUELGA LA DOBLE BOLSA CON EL ESTERILIZANTE?

    ¿PREPARA LA MESA CON TODO EL MATERIAL?

    ¿SE SACA EL PROLONGADOR PARA LA POSTERIOR CONEXIÓN?

    ¿SE PONE MASCARILLA?

    ¿SE LAVA LAS MANOS? SI NO ¿CUÁNTO TIEMPO, HASTA LOS CODOS?

    ¿UTILIZA CEPILLO?

    ¿SE SECA CON TOALLA?

    ¿CIERRA EL GRIFO CON ELLA?

    ¿ABRE LA SOBREBOLSA?

¿SE ECHA ESTERILIZANTE EN LAS MANOS ANTES DE LA CONEXIÓN?

¿NO TOCA EL CONECTOR?

- ¿Reconoce signos y síntomas de posibles complicaciones y sabe actuar ante ellos?.

¿EXAMINA DIARIAMENTE SI EL LÍQUIDO CONTIENE RESTOS DE FIBRINA?, Y EN EL CASO DE QUE LOS TENGA ¿SABE COMO TIENE QUE ACTUAR?

¿RECONOCE EL COLOR HABITUAL DEL LÍQUIDO Y LAS MODIFICACIONES QUE PUEDEN ADVERTIR INFECCIÓN?

- ¿Comprende la necesidad de una dieta adecuada y las razones por las que ha de seguirla?.

- ¿Entiende la necesidad de mantener una hidratación adecuada y un peso sin alteraciones grandes?

¿PESA BIEN EL LÍQUIDO QUE SALE?

¿LO ANOTA EN LA GRÁFICA?

¿Algún comentario que hacerle para que mejore su aprendizaje y técnica?¿Qué debe corregir?

No olvidar señalar los datos del domicilio del paciente y el acuerdo de la próxima visita.

LOS ADOLESCENTES VALORAN EL TALLER

	MUY BUENO	BUENO	MALO	MUY MALO
Conocer a personas en mi misma situación me ha ayudado a afrontar mi problema de un modo…				
Las orientaciones para llegar a autocuidarme han cubierto mis expectativas…				
El grado de aprendizaje para cuidar de mi mismo me ha parecido…				
El grado de confianza en el enfermero lo valoro como…				

	SÍ	NO
¿Repetirías la experiencia?		
¿Recomendarías la experiencia de aprendizaje a alguien que está en tu misma situación?		

- ¿Qué cambiarías?-¿Quieres comentarnos algo?
Aportaciones y sugerencias

_____
_____
_____
_____
_____
_____

APLICABILIDAD Y UTILIDAD PRÁCTICA

En nuestros días, las enfermedades crónicas son la primera causa de mortalidad. Es preciso crear programas de concienciación y educación para que el resultado final sea el de añadir vida a los años y no sólo años a la vida (aunque también lo hemos de perseguir).[5] El desarrollo de programas de este tipo producen en la persona un empoderamiento de la propia vida, les dan la capacidad de decidir y de hacerse más autónomos. Eso, las personas afectadas por insuficiencia renal lo conciben como una mejora en la autopercepción de salud que se refleja en todas las esferas de sus vidas. Si tratamos como es el caso de adolescentes, eso se acentúa más. La adolescencia se caracteriza por adquirir una gran independencia de los progenitores. Suele ser una etapa difícil de llevar tanto por los propios adolescentes como por sus familias. Si se consigue realizar el programa con éxito, les facilita la espera del riñón de un donante (que en ocasiones llega y en otras no) con mayor esperanza y expectativas. Al mismo tiempo, los propios progenitores se hacen conscientes de la capacidad de los hijos para poder ser libres e independientes de la enfermedad si se responsabilizan bien de sus propios cuidados. Y eso es lo que trata de conseguir nuestro pequeño programa.

BIBLIOGRAFÍA

1. Guías de Práctica Clínica en Diálisis Peritoneal Sociedad Española de Nefrología 23 Octubre 2005.

2. Cantero Muñoz P, Ruano Raviña A.. Eficacia y efectividad del inicio precoz del tratamiento renal sustitutivo en la insuficiencia renal crónica avanzada. Santiago de Compostela: Servicio Galego de Sade, Axencia de Avaliación de Tecnoloxías Sanitarias de Galicia, avalia-t. 2009 Santiago de Compostela: Xunta de Galicia, Axencia de Avaliación de Tecnoloxías Sanitarias de Galicia (avalia-t), 2009. IA2009/01.

3. http://64.233.183.132/search?q=cache:4OvNMX8VQWMJ:www.revistaseden.org/files/TEMA%252010.%2520PROGRAMA%2520DE%2520ENSE%C3%91ANZA%2520DE%2520DPCA.pdf+ense%C3%B1anza+de+dialisis&hl=es&ct=clnk&cd=2&gl=es (consultado 29-11-2008).

4. Colombia Médica Vol. 38 N° 4 (Supl 2), 2007 (Octubre-Diciembre)

Vivencias de los(as) adolescentes en diálisis.: una vida con múltiples pérdidas pero con esperanza, LILIANA CRISTINA MORALES, MG.1, EDELMIRA CASTILLO, PH.D.2

5. Promoción de la salud en la Comunidad. Antonio Sarriá Santamera. Uned, Madrid 2001

ANEXOS

ANEXO 1

NOMBRE:										
DIA	PESO	TEN. ART	PULSO	CONCENTRADO	ENTRA	SALE	BALANCE	DEXTR	MEDICACION	OBSERVACION

ANEXO 2

<u>CONSEJOS DIETETICOS</u>

La tendencia actual es la recomendación de una dieta LIBRE reforzando la ingesta de proteinas y controlando las grasas e hidratos de carbono.

Cuando a la patología renal se asocian otras como diabetes, hipertensión arterial, hiperlipidemia, osteodistrofia, etc. se darán las recomendaciones necesarias a tal efecto y siempre siguiendo la precripción médica.

La persona que está en tratamiento con Diálisis Peritoneal suele perder gran cantidad de **PROTEINAS** por el líquido de diálisis, por esto se recomienda la ingestión de unos 150 a 200 grs. de carne al día, que puede sustituir por pescado no salado. Los huevos y la leche aportan el resto de proteinas de alto poder biológico que completaremos con los cereales y vegetales. No recomendaremos el consumo de visceras, como riñones, higado, corazón, callos, etc. igualmente haremos con las conservas de pescado y las salazones.

En cuanto a los **LIPIDOS** deberá tomar grasas de origen vegetal y de pescado para evitar la obesidad e hiperlipidemia.

De los **HIDRATOS DE CARBONO** suprimiremos los azucares simples, pastelería, bebidas azucaradas, etc. dado que el líquido de diálisis contiene glucosa y su exceso nos puede producir obesidad. Si la tendencia del paciente es a la obesidad restringiremos la ingesta de los azúcares complejos contenidos en los cereales.

Las sales de **SODIO** contribuyen a acumular líquido produciendo edemas e hipertensión arterial, cuando esto ocurre prohibiremos su consumo y en todos los casos aconsejaremos hacer las comidas con poca sal y no consumir alimentos salados.

El aporte de **POTASIO** contenido en frutas, vegetales, conservas, frutos secos, legumbres secas, chocolate, almibares, verduras etc. deberá ser moderado. Su acumulación en exceso puede producir alteraciones musculares y la muerte, por eso se permite, en principio, consumir una pieza de fruta al día, no tomar zumos y en posteriores controles aumentar el consumo.

Las sales de sodio y potasio son solubles en agua y podemos eliminarlo en gran parte dejando los alimentos en remojo durante algún tiempo:

-Las patatas se pelán y trocean y se dejan en agua, renovando el agua de vez en cuando, esto se puede hacer con las hortalizas en general.

-Las verduras se cuecen con abundante agua y renovando esta a la mitad de la coción. No consumir el caldo porque contiene el potasio.

-Las frutas se pueden preparar cocidas desechando el almibar sobrante.

La ingesta de **AGUA** depende de la que elimine por la orina y la diálisis.

ANEXO 3:

El power point para llevar a cabo las sesiones.

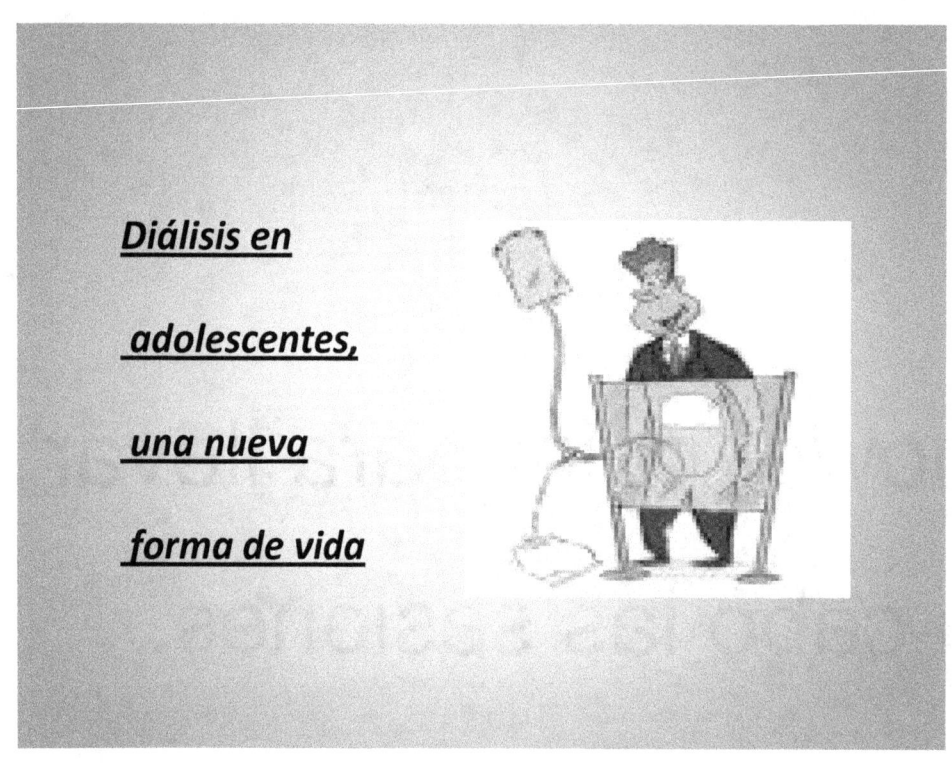

¿Qué es la insuficiencia renal?

Insuficiencia renal(IR)=pérdida de la función de los riñones.

IR
- Aguda → aparece de forma brusca, tiende a recuperarse.
- Crónica → la función renal falla de forma lenta y progresiva sin posibilidad de recuperación.
- Terminal → es aquella en la que la función renal se ha perdido de forma progresiva y precisa de tratamiento renal sustitutivo.

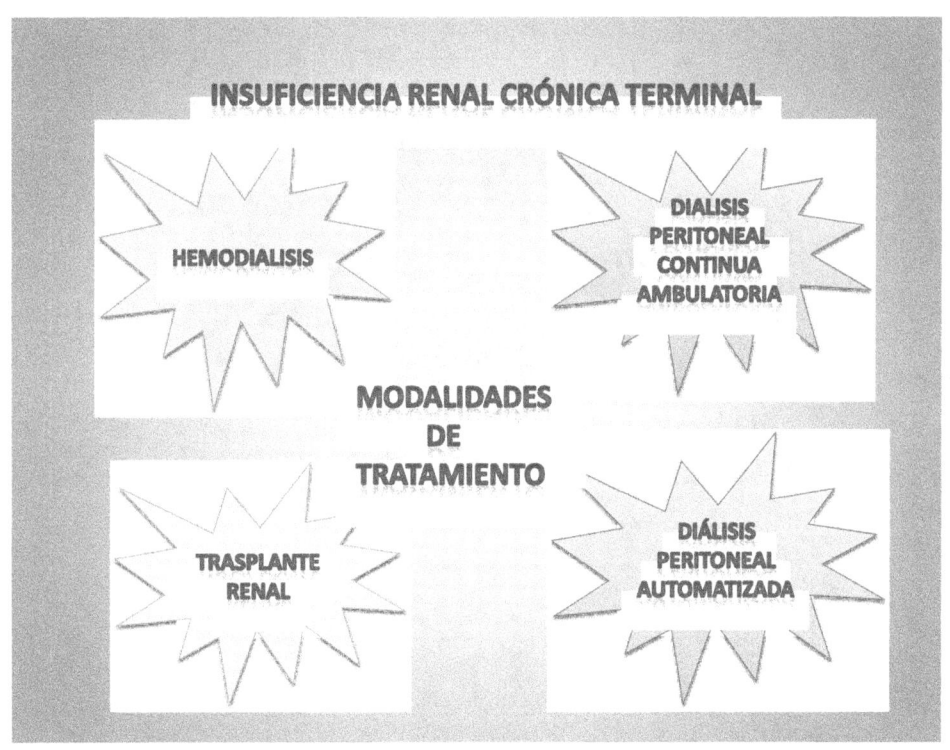

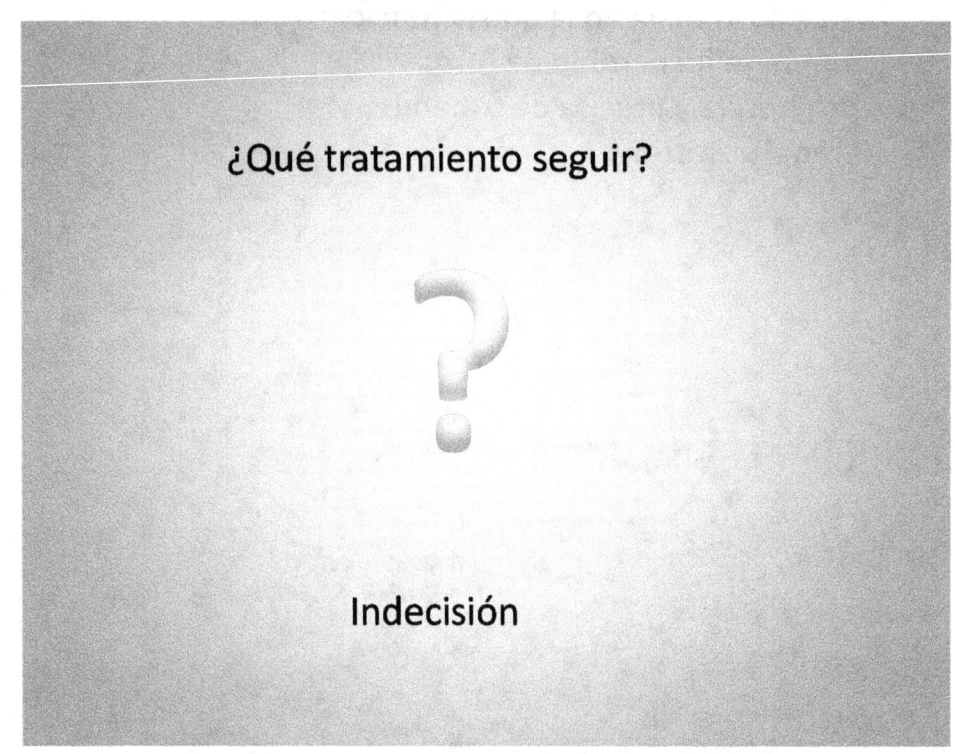

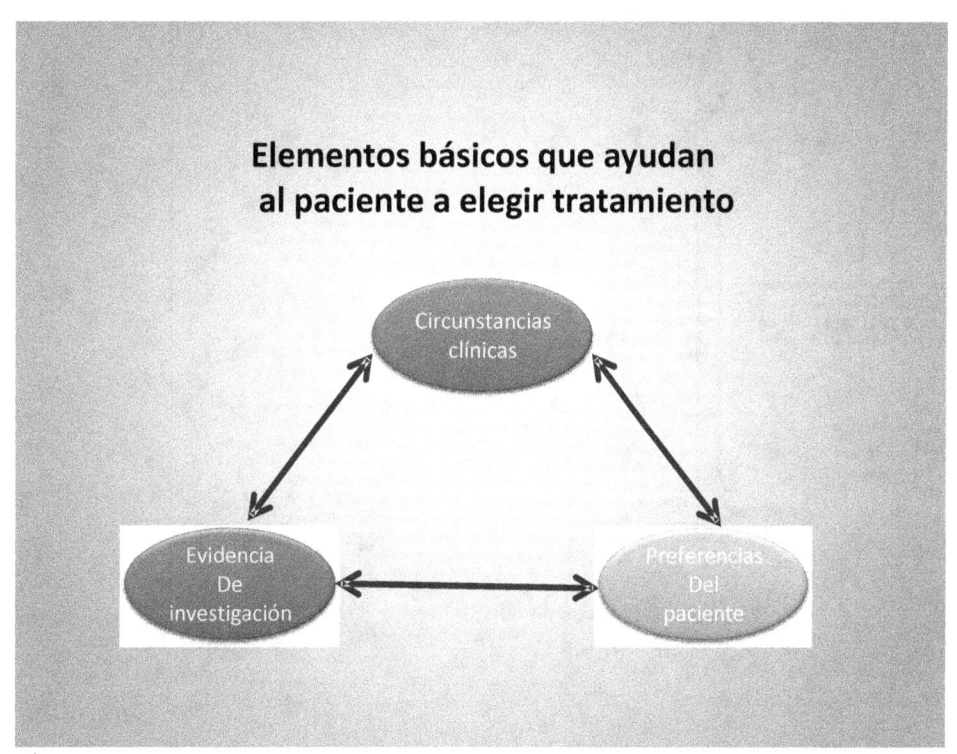

ELECCIÓN DE TÉCNICA:
DIALISIS PERITONEAL CONTINUA AMBULATORIA (DPCA)

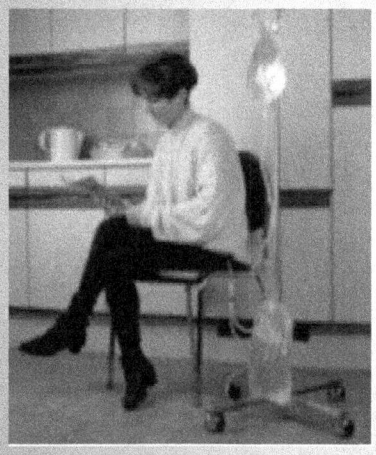

-Es la diálisis en la que el intercambio de sustancias de desecho se lleva a cabo a través del peritoneo.

-La introducción del líquido en la cavidad peritoneal se hace a través de un catéter implantado en el abdomen.

-El líquido permanecerá varias horas en la cavidad abdominal, durante las cuales la sangre se está limpiando de desechos.

-El paciente debe hacer varios intercambios durante el día

-Son necesarias ciertas medidas higiénicas y de asepsia rigurosas

DIALISIS PERITONEAL CONTINUA AMBULATORIA (DPCA)

VENTAJAS

-Fácil de aprender.
-Manejo del tratamiento en casa.
-Mayor independencia y control.
-Dieta menos restrictiva.
-Menor estrés para el organismo.
-Mejora el estilo de vida.
-No precisa agujas ni pinchazos.
-Conservación de la función residual más tiempo que en la hemodiálisis.

INCONVENIENTES

-Varios intercambios al día (3-4).
-Catéter permanente.
-Cambios en la imagen corporal.
-Posibles ganancias de peso.
-Necesidad de espacio para guardar el material.
-Posibilidad de complicaciones.

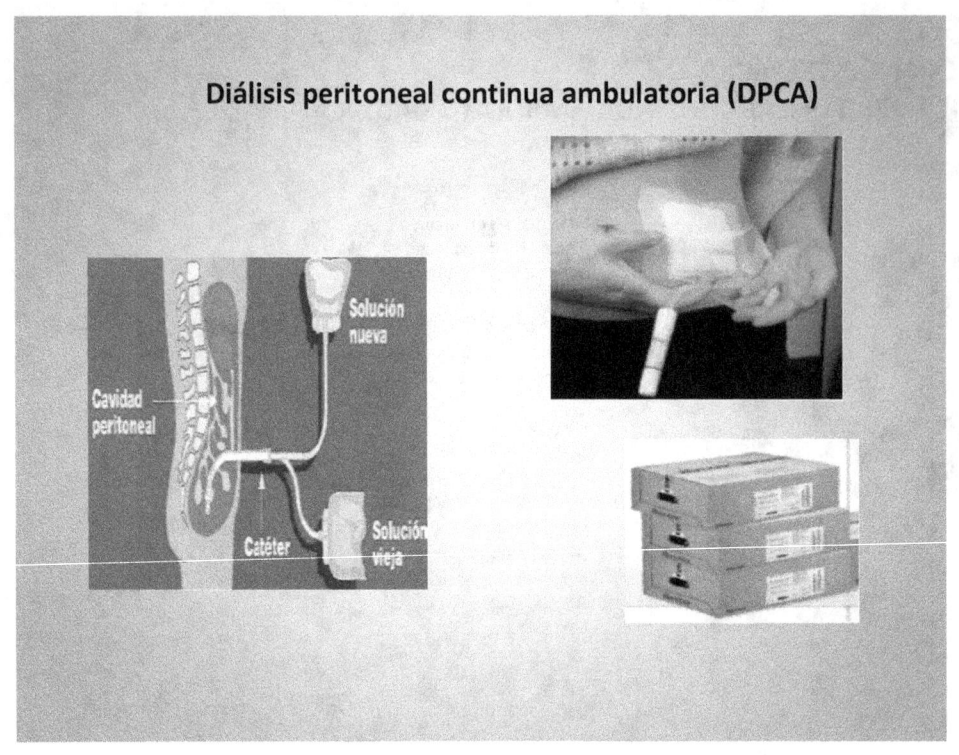

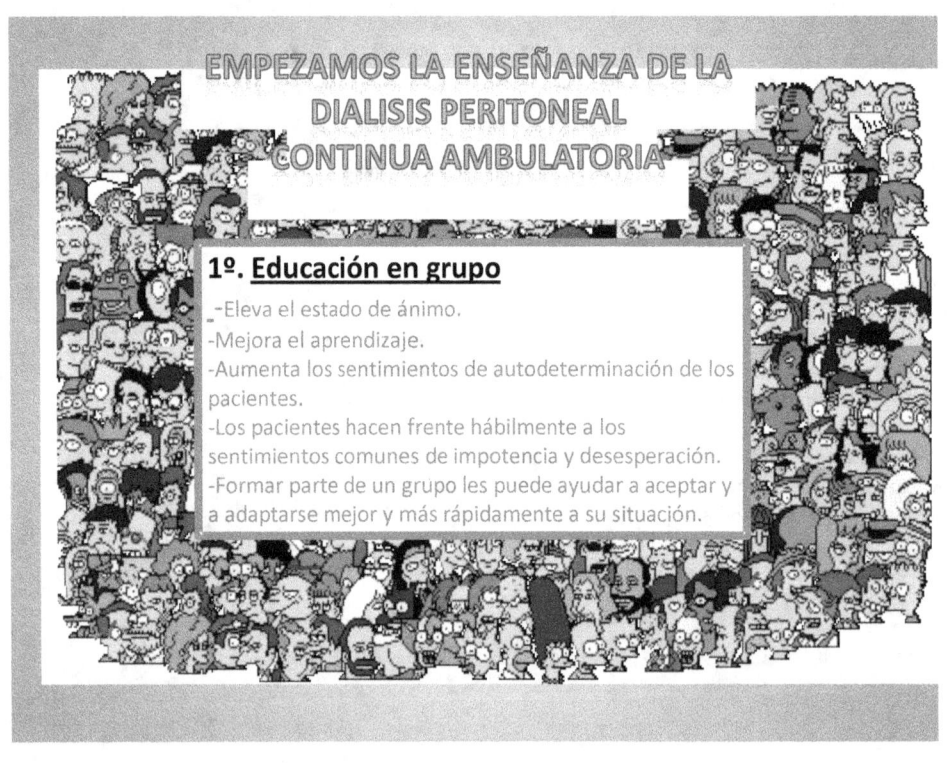

2º Educación individual con el familiar

LO QUE DEBEMOS SABER DEL PACIENTE

- Detalles de su entorno.
- Situación de su salud.
- Estado emocional.
- Estilo de vida.
- Reacción frente al diagnóstico.
- Rutina diaria.
- Conocimientos de la enfermedad.

Posición de catéter peritoneal

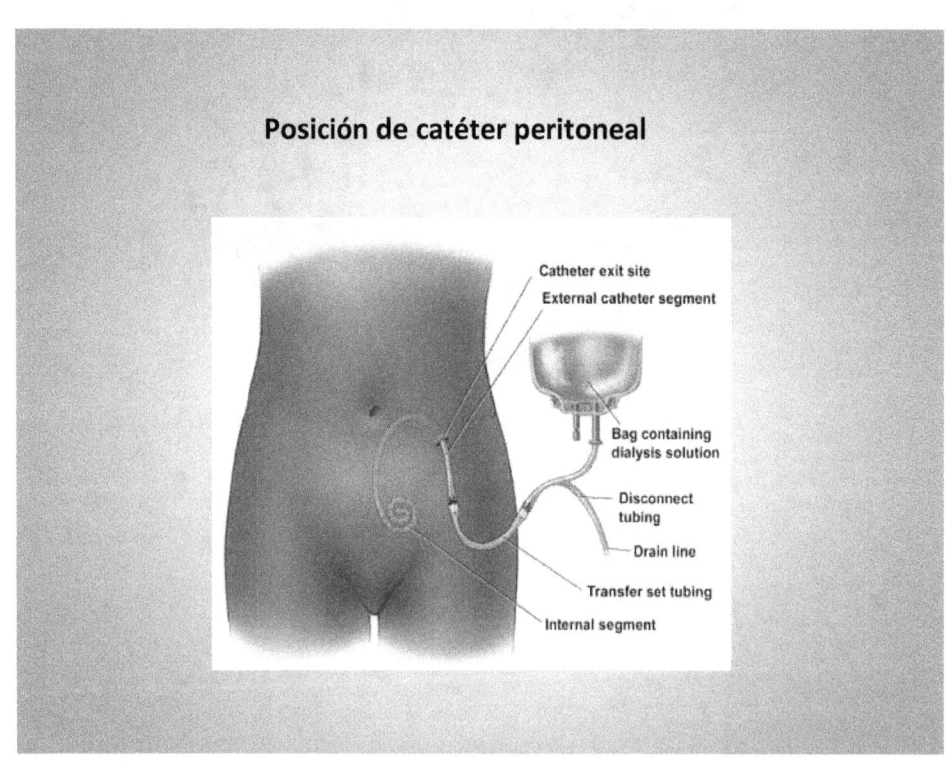

Cómo realizar la conexión del catéter

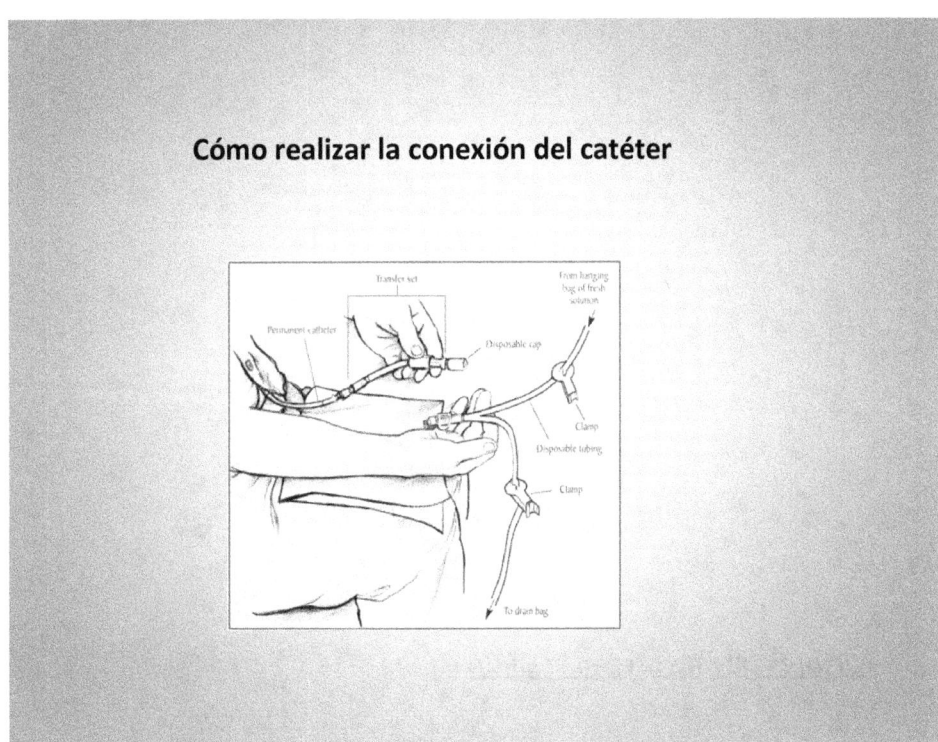

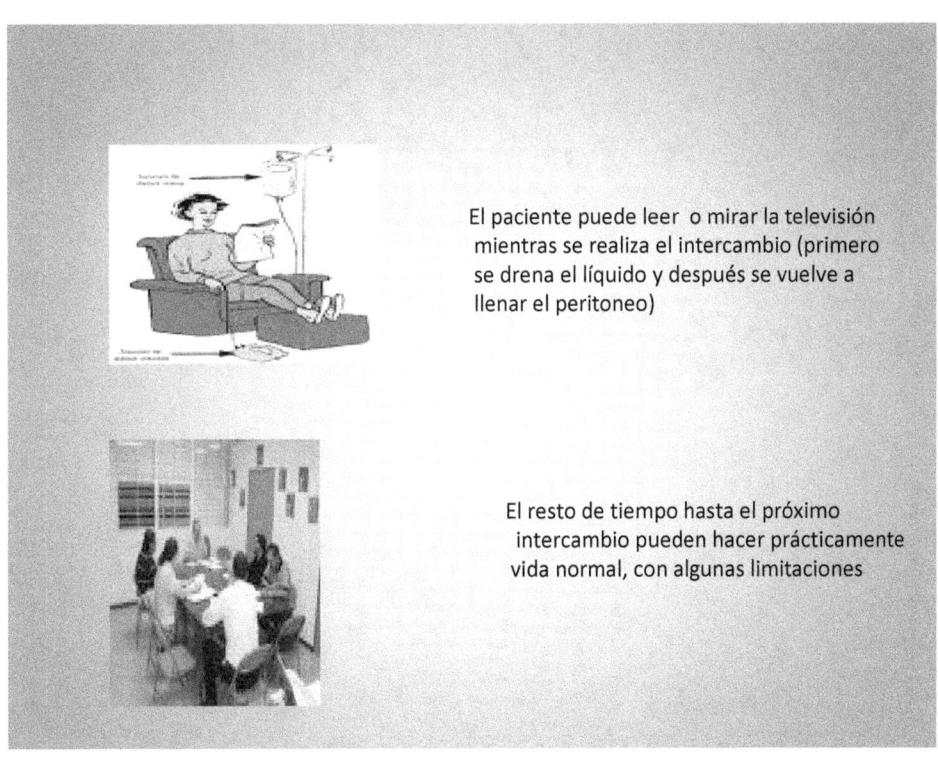

El paciente puede leer o mirar la televisión mientras se realiza el intercambio (primero se drena el líquido y después se vuelve a llenar el peritoneo)

El resto de tiempo hasta el próximo intercambio pueden hacer prácticamente vida normal, con algunas limitaciones

Factores que favorecen la DPCA

-Personas jóvenes, nosotros nos dirigimos a personas de 16 a 18 años.
-Deseo de autonomía.
-Buen apoyo familiar.
-Buena motivación.
-Probabilidad de trasplante precoz.

Conclusión

Los jóvenes con insuficiencia renal terminal que deciden como tratamiento renal sustitutivo la DPCA, mientras que esperan el trasplante, consiguen **mejorar su calidad de vida**

EVALUANDO LA CONSECUCIÓN DE OBJETIVOS

- ¿Realiza el intercambio de líquido peritoneal correctamente?
- ¿Respeta las medidas higiénicas y de asepsia durante todo el proceso?
- ¿Reconoce los signos y síntomas de posibles complicaciones y sabe actuar ante ellos?
- ¿Comprende la necesidad de una dieta adecuada y las razones por las que ha de seguirlas?
- ¿Entiende la necesidad de mantener una hidratación adecuada y un peso sin grandes alteraciones?
- ¿Algún comentario que hacerle para que mejore su aprendizaje y la técnica? ¿Qué debe corregir?
- No olvidar señalar los datos del domicilio del paciente y el acuerdo de la proxima visita

LOS ADOLESCENTES VALORAN EL TALLER

	MUY BUENO	MALO	MUY MALO	
Conocer a personas en mi misma situación me ha ayudado a afrontar mi problema de un modo…				
Las orientaciones para llegar a autocuidarme han cubierto mis expectativas…				
El grado de aprendizaje para cuidar de mi mismo me ha parecido…				
El grado de confianza en el enfermero lo valoro como…				
	SI	NO		
¿Repetirías la experiencia?				
¿Recomendarías la experiencia de aprendizaje a alguien que está en tu misma situación?				

¿Qué cambiarías? ¿Quieres comentarnos algo? Aportaciones y sugerencias
_____
_____
_____

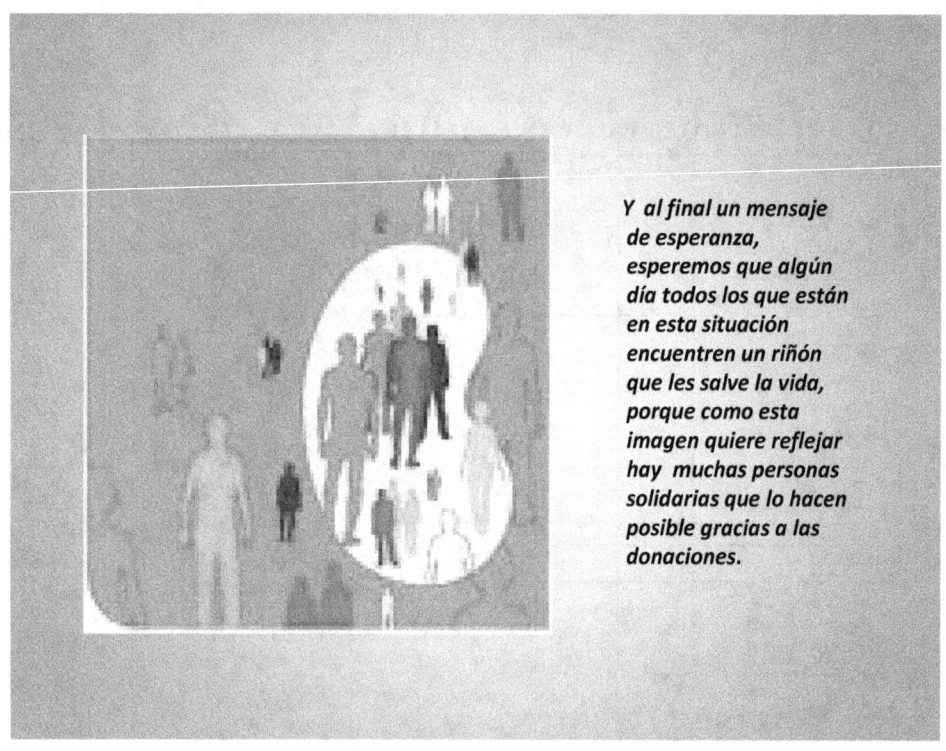

Y al final un mensaje de esperanza, esperemos que algún día todos los que están en esta situación encuentren un riñón que les salve la vida, porque como esta imagen quiere reflejar hay muchas personas solidarias que lo hacen posible gracias a las donaciones.

GRACIAS.

www.ingramcontent.com/pod-product-compliance
Lightning Source LLC
Chambersburg PA
CBHW081050170526
45158CB00006B/1927